AF855448

Einstein et la relativité, *je connais !*

Paul Strathern est né à Londres et a enseigné la philosophie et les mathématiques à l'université de Kingston. Il est l'auteur de la série à succès *Les philosophes, je connais !* et a écrit cinq romans dont *A Season in Abyssinia* qui a remporté le prix Somerset Maugham. Il est également l'auteur de livres de voyage. Paul Strathern a été journaliste freelance et a écrit pour l'*Observer*, le *Daily Telegraph* et l'*Irish Times*. Il a une fille et vit à Londres.

Collection
L'Air de Savoir

(dirigée par Marc Schlœsser)

Du même auteur dans la même collection :

Série : *Les philosophes, je connais !*

Platon, je connais !
Aristote, je connais !
Descartes, je connais !
Kant, je connais !
Nietzsche, je connais !
Wittgenstein, je connais !
A paraître
Hume, je connais !
Locke, je connais !

Série : *Les grands scientifiques, je connais !*

Hawking et les trous noirs, je connais !
A paraître
Newton et la gravitation, je connais !
Turing et l'ordinateur, je connais !
Oppenheimer et la bombe, je connais !
Crick & Watson et l'ADN, je connais !
Pythagore et son Théorème, je connais !

Paul Strathern

EINSTEIN et la relativité, *je connais !*

Mallard Editions - Paris

BIBLIOTHÈQUE VIRE
dx
-70052541
LIVRE CÉDÉ PAR LA VILLE DE VIRE
530.
11
EIN

Titre original : *The Big Idea. Einstein & Relativity*

Copyright © Paul Strathern 1997
Copyright © Mallard Editions 1997
pour la traduction française
Copyright © Guy Perpère 1997
pour le dessin de couverture

Traduit de l'anglais
par Marc Schlœsser

Reproduction, même partielle, interdite.
Tous droits réservés pour tous pays.

ISBN 2-84372-006-0

TABLE DES MATIERES

INTRODUCTION

Einstein a changé l'univers mais est mort dans l'échec. Sa théorie de la relativité a fait de lui le plus grand esprit scientifique depuis Newton. La relativité a mis à bas nos notions d'espace et de temps et a donné naissance à un monde qui auparavant était inconcevable. Sa célèbre formule $e = mc^2$ a montré que la matière pouvait se convertir en énergie, annonçant l'ère nucléaire. Il a aussi apporté une contribution majeure à la théorie des quanta. Mais sur la fin Einstein était dans l'incapacité d'accepter les implications de ses découvertes – surtout pour la théorie des quanta. Avec comme résultat qu'il a gâché plus d'un quart de siècle à chercher une théorie globale que ses propres travaux avaient rendue impossible.

Pendant la deuxième moitié de sa vie, Einstein est devenu une institution publique : 'le plus grand génie du monde'. Il accepta cette absurdité de bonne grâce et s'en servit de manière exemplaire – faisant infatigablement campagne contre des fléaux allant de l'antisémitisme aux armements nucléaires. L'image qu'il présentait au monde était le cliché du génie distrait. L'homme en lui-même était ambitieux, très conscient de ses dons exceptionnels et en fin de compte, une figure de tragédie. Sa valeur pour la société comptait peu pour lui en regard de son échec à expliquer le fonctionnement ultime de l'univers au moyen de sa théorie de champ unifié.

VIE ET ŒUVRE

Albert Einstein naît de parents juifs allemands le 14 mars 1879, à Ulm, petite ville d'Allemagne du sud. Sa mère est la fille cultivée d'un marchand de grains de Stuttgart et aime à jouer du violon. Elle a tout juste 21 ans quand Albert vient au monde. Hermann, son père est un homme affable et sociable qui aime un bon verre de bière allemande et se plaît à citer de la poésie.

L'Allemagne est sous le règne de 'sang et de fer' du chancelier Bismarck, où même les cochers de fiacre portent l'uniforme. Les juifs ne sont émancipés que depuis 1867, et l'année de la naissance du jeune Albert, le mot 'antisémitisme' fait pour la première fois son apparition dans un magazine allemand.

Un an après la naissance d'Albert, le commerce de matériel électrique de son père fait faillite, et la famille déménage dans les faubourgs de Munich pour aller habiter chez le frère d'Hermann, Jakob. C'est là qu'Hermann et Jakob installent un petit atelier d'électrochimie.

Albert est un enfant lent et plutôt rêveur. Il a souffert du bouleversement familial (d'une 'disgrâce', comme disent les psychologues), et son père a connu l'échec. Voilà des traits qu'on retrouve avec une fréquence surprenante dans l'ascendance des génies (Herr Johann van Beethoven, le chanteur ivrogne, M. John Shakespeare, le gantier peu sérieux, etc), mais à part cela, rien d'exceptionnel ne marque la petite enfance d'Albert.

Son père se pratique pas la religion et se considère comme largement intégré. C'est ainsi qu'il envoie le jeune Albert dans une école catholique où il se retrouve seul juif de sa classe. Comme à peu près tout le reste du pays, les écoles allemandes fonctionnent sur le modèle militaire. Les instituteurs s'enorgueillissent de leur comportement de sergents-chefs autoritaires et pédants. Le jeune Albert se morfond, n'apprend pas grand-chose et se met à détester copieusement l'autorité, attitude qui ne le quittera pas de toute sa vie. A la maison, sa mère lui fait travailler le violon qu'il aime et apprend à bien jouer – autre trait qu'il gardera jusqu'à sa mort. Le père d'Albert est surtout occupé à essayer de maintenir à flot l'entreprise familiale pendant une période de récession économique, mais il fait sporadiquement des efforts pour donner à son fils le goût de sujets vaguement scolaires. Un jour il lui montre une boussole. Albert lui demande pourquoi l'aiguille pointe toujours dans la même direction. Hermann explique que cela est dû au magnétisme. Mais comment le magnétisme fait-il pour traverser l'espace, demande Albert. A cela Hermann n'a pas de réponse.

Cette nuit-là, Albert reste éveillé à se demander comment une force invisible peut bien traverser l'espace.

A cette époque, 'Onkel Jakob' initie le jeune garçon à l'algèbre. « C'est une science joyeuse » explique-t-il. « Quand on ne peut pas attraper l'animal qu'on chasse, on l'appelle temporairement *x* et on continue à le chasser tant qu'il n'est pas dans la gibecière. » Bertl (son surnom dans la famille) se prend vite au jeu.

En 1891, alors qu'Einstein a 12 ans, un autre enseignant amateur entre en scène. Il est alors coutumier chez les familles juives d'Europe centrale d'inviter à dîner le jeudi un membre sans le sou de la communauté. La famille Einstein reçoit ainsi régulièrement un étudiant en médecine, Max Talmey. Max commence à prêter au petit Bertl des livres de vulgarisation scientifique que son cerveau par ailleurs souvent inactif dévore sans tarder. Là encore, Einstein développe une caractéristique qu'il gardera toute sa vie. Il est en grande partie autodidacte et se soucie peu ou prou de ses professeurs. Il préfère suivre ses centres d'intérêt et faire les choses à sa façon. Il en résulte une profondeur exceptionnelle de ses connaissances qui s'accompagne de fréquentes difficultés à l'occasion d'examens, même les plus élémentaires.

Max Talmey ne tarde pas à apporter à Einstein des ouvrages de géométrie plane, et en un rien de temps le gamin se met à apprendre de lui-même le calcul différentiel. Chaque semaine, Max veille aux progrès du jeune Albert mais est rapidement contraint d'admettre : « Je ne peux plus le suivre. » Max l'encourage vainement à se plonger dans des livres de médecine ou de biologie, mais ils n'intéressent pas Albert. Ils ne lui procurent pas assez de stimulation intellectuelle ; la seule chose qui semble l'intéresser est d'essayer de comprendre des notions complexes et d'en rechercher les principes sous-jacents.

C'est ainsi que l'étudiant en médecine déjà avancé en âge initie Albert à sa discipline favorite : la philosophie. Le jeune adolescent qui souffre à l'école de 'difficultés d'apprentissage' se met à étudier les œuvres de Kant. Elles sont diaboliques de difficulté : c'est de la métaphysique germanique des plus prolixes et des plus obscures. De fait, il se peut que Max ne soit pas là totalement innocent et qu'il souhaite gentiment remettre Albert à sa place. Mais l'œuvre de Kant renferme le plus grand système philosophique qui soit, une construction d'une extrême profondeur cherchant à tout expliquer. Einstein a déjà été mis en présence de subtilités et de raffinements intellectuels, de concepts exigeant une concentration extrême ne serait ce que pour les saisir, et de brillantes démonstrations. Mais là, il apprend pour la première fois, ce que l'esprit, dans toute sa magnificence, est capable de réaliser : un système qui englobe l'univers. Einstein n'oubliera jamais cette leçon. Et la petite plaisanterie de Max, si c'en est bien une, va rebondir de plus belle.

En 1894, Einstein a alors quinze ans, les affaires de son père périclitent à nouveau. La famille déménage en Italie où son père installe une nouvelle usine près de Milan. Mais on laisse Albert en pension à Munich pour qu'il puisse terminer son bac au Luitpold Gymnasium. Ceci doit lui permettre d'entrer à l'université, où il doit passer une licence de technologie avant de rejoindre l'affaire familiale. Ses études doivent être financées par la famille de sa mère le temps qu'Hermann retombe sur ses pieds.

Dans les six mois, Einstein fait une dépression et se retrouve exclu du lycée parce que (selon son bulletin) sa présence en classe « perturbe ses petits camarades ». Il se peut que sa dépression soit simulée, afin qu'il puisse rejoindre ses parents en Italie. Mais l'expulsion, elle, est bien réelle. Il semble qu'Einstein soit devenu réfractaire à la discipline, et si l'on en croit ses mémoires, qu'il considère le programme scolaire comme un mélange de tromperie et d'ennui, totalement à côté de la plaque de surcroît. En grec ancien, histoire, géographie, et plus curieusement en biologie et en chimie, il n'essaie même pas. Il prend conscience de son intelligence précoce (qui surpasse tout le monde en maths et en physique), ce qui lui donne une bonne dose de confiance en lui. Doublée d'immaturité, celle-ci en fait un jeune insolent.

Albert passe alors une année bien agréable en Italie. Il ne va pas à l'école mais passe une partie de son temps à rédiger un article sur un des problèmes scientifiques les plus difficiles de l'époque – la relation entre l'électricité, le magnétisme et l'éther (le milieu invisible qui transmet les ondes électromagnétiques). Sur le plan professionnel, il n'a pas grand-chose à dire d'original ; il n'empêche que l'exploit n'est pas mince pour un gamin de seize ans. Ceci montre aussi qu'il s'intéresse toujours au magnétisme et à la façon dont il se déplace dans l'espace.

A la fin de l'année, il passe l'examen d'entrée à la Eidgenössische Technische Hochschule de Zurich (connue en général comme l'Ecole Polytechnique de Zurich). Le professeur de physique, Heinrich Weber, est vraiment étonné de ses notes remarquables en maths et physique. Son père Hermann réagit un peu différemment en voyant ses notes en français, biologie, histoire et diverses autres matières. Einstein est recalé en beauté - et presque à coup sûr il l'a fait exprès. Il ne se voit pas s'embarquer dans des études de technologie pour finir dans l'entreprise d'électricité de son père. Cependant, et sur intervention personnelle du Professeur Weber, Einstein se voit offrir une place pour l'année suivante. Une seule condition : Einstein doit suivre une scolarité, n'importe laquelle, pendant l'année d'attente.

Hermann prend acte de la mauvaise volonté de son fils à entrer dans l'affaire familiale. Mais il ne sait que faire. Il n'a pas d'argent. Doit-il insister pour qu'Albert vienne lui donner un coup de main tout de suite ? Une fois de plus, il contacte la famille de sa femme, et une fois de plus elle accepte de financer les études d'Albert. Mais cette fois, on veut des résultats. A quoi bon jeter l'argent par les fenêtres pour un jeune bon à rien.

Bien longtemps après tous ces déboires et ces désaccords, des années après la mort d'Hermann, Einstein insistera toujours sur un point concernant son père : il était 'sage'. La compréhension manifestée par Hermann envers les besoins de son fils difficile et pour son aversion intuitive à s'enterrer dans l'affaire familiale résume sa sagesse. Sans elle, il n'y aurait pas eu de relativité.

Hermann décide alors de scolariser Albert dans un village près de Zurich et est d'accord pour le laisser étudier la physique et les maths plutôt que la technologie à son entrée à l'Ecole Polytechnique de

Zurich. Et cette fois, plutôt que de vivre seul dans une pension, Albert sera hébergé en famille chez l'un de ses professeurs.

Malgré la 'sagesse' de son père, Einstein a ses doutes sur le fait de retourner à l'école. Mais ceux-ci se dissipent vite. Aarau s'avère un endroit agréable au bord d'une rivière et au milieu de coteaux couverts de vignes. Ses hôtes, la famille Winteler, sont vifs et accueillants. Ce n'est pas l'Allemagne, mais la Suisse. Au lieu de rigidité pédagogique, il trouve là ouverture et discussion intellectuelle. Einstein s'épanouit ; le week-end, il accompagne la famille pour observer les oiseaux ou partir en randonnée en montagne.

Einstein a appris le violon auprès de sa mère et est maintenant un amateur accompli. Pendant les soirées musicales chez les Winteler, il joue pour la famille en duo avec leur fille de dix-huit ans, Marie, qui l'accompagne au piano. Albert est un violoniste fougueux et c'est par la musique que semble s'exprimer le côté passionné de sa nature.

Le photos de l'époque nous montrent un Einstein beau jeune homme aux cheveux bruns et bouclés, la moustache naissante et l'air sûr de lui. Il est bien habillé, bien qu'on discerne déjà des signes du débraillé qui va plus tard devenir sa marque de fabrique. A ce stade précoce, cela lui donne simplement un petit air canaille et débonnaire. Il est sans doute dès lors inévitable que Marie tombe amoureuse.

C'est la première expérience sentimentale d'Albert ; assez intense, platonique et plutôt à sens unique semble-t-il. Car la physique et les maths sont déjà la passion dominante d'Einstein et elles ne le quitteront jamais de toute sa vie. Il aime cependant la compagnie des femmes et il sait qu'il leur plaît.

Pendant cette période Einstein fait preuve en société de vivacité et d'assurance, avec un petit côté voyant ; il aime à éclater de rire bruyamment. Un condisciple rapporte qu'il se pose en « philosophe rieur et spirituel dont la moquerie se déchaîne contre toute affectation ou pose ». Mais il a cette tendance incorrigible à se laisser entraîner dans ses pensées. Inévitablement sans doute, sa liaison avec Marie s'arrête dès qu'il entre à l'Ecole Polytechnique de Zurich à l'automne 1895. Elle est effondrée ; lui est assez mufle pour ne plus y penser.

L'Ecole Polytechnique de Zurich est la meilleure école de technologie d'Europe centrale de son époque. Ses laboratoires sont dotés de superbes équipements financés par Siemens (ironie du sort, un des gros conglomérats responsables de la faillite d'Hermann) et elle attire les meilleurs enseignants. Malgré cela, Einstein assiste rarement aux cours. Un des professeurs, le grand mathématicien germano-russe Hermann Minkowski, parle de lui comme d'un « chien paresseux ». Ce qui n'empêche pas Einstein d'être présomptueux comme jamais. Son ingratitude envers le Professeur Weber – grâce à qui il a pu obtenir une place dans l'établissement –est typique. Les cours de physique de Weber parlent peu des grandes innovations techniques des vingt dernières années et Einstein est franchement dédaigneux. Au labo, il refuse d'obéir aux instructions et préfère inventer ses propres méthodes plus modernes. Au cours d'une expérience visant à déterminer les effets de l'éther, son installation explose et sa main droite reçoit une vilaine blessure. Heureusement, celle-ci guérit et il peut bientôt se remettre au violon.

Einstein consacre la plus grande partie de son temps à lire avidement - il se documente sur les derniers progrès de la physique. Au siècle précédent, d'énormes progrès ont été accomplis en science -

surtout en physique, domaine qui semble alors à la pointe de la connaissance scientifique. Les choses ont atteint un point où tous les éléments disparates de la connaissance scientifique semblent se fondre dans une vaste vue d'ensemble. La perspective pour l'humanité d'atteindre une compréhension globale du monde semble pointer à l'horizon. Beaucoup pensent que c'est la période la plus excitante de l'histoire où puisse vivre un savant. Les générations futures n'auront rien à découvrir et seront condamnées à de simples corvées routinières de mesures.

Cependant des doutes commencent à se faire jour chez certains. Un certain nombre de vieilles certitudes sont remises en question et on soupçonne de plus en plus la physique classique d'être inadéquate pour décrire les réalités de plus en plus complexes du monde physique.

Etrangement, ces idées trouvent un écho chez beaucoup d'intellectuels de Zurich qui observent le monde d'un œil non scientifique. Trotski, Lénine, Rosa Luxemburg (et plus tard les Futuristes, les Dadaïstes, James Joyce) fréquentent tous les cafés de Zurich. A cette époque Zurich est bien plus qu'un centre bancaire provincial animé par des gnomes.

C'est une cité vivante au cœur de l'Europe dont les cafés abritent une faune cosmopolite.

Quand il n'est pas plongé dans ses lectures et recherches de plus en plus ésotériques, Einstein voit ses amis universitaires au Café Métropole, repaire favori des étudiants au bord de la rivière. Il s'est mis à fumer la pipe et sa boisson préférée est le café glacé. (Einstein ne boit pas de bière car il n'en a pas les moyens. En fait, de toute sa vie jamais il ne sera attiré par les boissons alcoolisées qui, selon lui, émoussent le cerveau.)

Il a un petit cercle d'amis proches. Tous brillants, étudiant les maths ou la physique et obsédés par les questions fondamentales de la science. Sans ses qualités, il est impossible de suivre leurs conversations.

Marcel Grossman est peut-être le premier de ses condisciples à reconnaître chez Einstein un talent sortant de l'ordinaire. Quand approchent les examens, Grossman lui prête généreusement ses notes de cours – la seule façon qu'il a de couvrir le programme à temps. Son camarade d'études Michelangelo Besso est un personnage sympathique qui partage le goût d'Einstein pour la philosophie. Il lui fait découvrir les travaux d'Ernst Mach, le philosophe des sciences dont le nom est immortalisé dans la mesure du mur du son. Ernst Mach cherche alors à avoir les mêmes effets cataclysmiques sur les hypothèses abstraites d'une physique classique que personne ne remet en cause. Un troisième ami proche est Fritz Adler, fils du fondateur du parti social-démocrate autrichien. Einstein admire Adler pour son inébranlable idéalisme. Le côté iconoclaste d'Einstein est plus qu'une volonté de jeunesse de ruer dans les brancards. L'antiautoritarisme, l'antimilitarisme, le dédain des méthodes et des hypothèses dépassées – tout cela fait partie de son idéalisme social qui prend forme. Ses vues sont sincères, même si elles sont parfois naïvement utopistes : deux caractéristiques que son idéalisme va conserver toute sa vie.

Les jours qu'il ne passe pas seul enfermé à travailler dans sa chambre où en conversations sérieuses (ponctuées d'éclats de rires frénétiques) avec ses amis du Café Métropole, Einstein fait du bateau en compagnie de la fille de sa logeuse sur le Lac de Zurich. C'est le début de deux hobbies qu'il pratiquera avec grand plaisir jusqu'à la fin de ses jours – la voile et le flirt. (La fille de la logeuse n'est pas la seule à être invitée à des croisières amoureuses, même si le bateau appartient bien à sa famille.)

Seule une personne est capable d'embrasser toutes ces facettes de la vie d'Einstein. C'est Mileva Maric, la seule étudiante de sa classe. Mileva est serbe et vient de Novi Sad qui fait alors partie de l'empire austro-hongrois. Son père est fonctionnaire et l'a envoyée à l'Ecole Polytechnique de Zurich parce que, femme, elle n'a pas le droit d'étudier la physique de haut niveau dans son pays. (Ce n'est que *huit ans plus tard* que Marie Curie devient la première femme de France à être admise à un doctorat *d'une quelconque discipline* – l'année même où elle reçoit le Prix Nobel.) A la différence des autres femmes avec qui Einstein passe son temps, Mileva n'est pas spécialement jolie et pas du tout du genre séductrice. Elle rit rarement, et en raison d'une malformation de la hanche, se déplace en boitillant. Les photos de l'époque nous la montrent sous de lourds traits slaves, mais son regard sombre et ses lèvres pleines laissent deviner une sensualité cachée. Elle est aussi la première femme que rencontre Einstein avec qui il peut discuter de ses préoccupations profondes. Quand il se met à parler physique, elle sait suffisamment de quoi il parle pour pouvoir faire des suggestions. Et Einstein admire certainement son indépendance d'avant-garde, peu commune chez les femmes de l'époque.

En 1900, Einstein emprunte pour la dernière fois les notes de cours de Grossman et passe son examen de sortie. Ses résultats sont inégaux, et témoignent à peine de son exceptionnelle intelligence scientifique. De tels résultats ajoutés à son refus d'écouter ses professeurs ne lui assurent bien entendu aucun appui pour la carrière universitaire qu'il entend poursuivre. Il est candidat dans plusieurs universités - à sa manière. Le mélange chez Einstein d'anticonformisme et d'amour-propre intellectuel (soutenu par fort peu de preuves concrètes) fait qu'il ne reçoit aucune proposition.

En 1900, Einstein devient citoyen suisse, en partie parce qu'il se sent chez lui mais aussi pour éviter d'avoir à rentrer en Allemagne pour y faire son service militaire. Cela ne lui sert à rien dans ses recherches d'emploi qui souffrent d'une autre caractéristique encore plus difficile à dissimuler que son amour-propre. A savoir, qu'il est juif. L'antisémitisme fait rage dans les professions libérales de l'Europe entière. (Il n'y a guère que six ans que la célèbre affaire Dreyfus a secoué Paris - quand Dreyfus, officier juif de l'armée française, a été envoyé à l'Ile du Diable sur une accusation truquée d'espionnage.) Les finances d'Einstein commencent à baisser et il doit finalement accepter un poste temporaire au collège technique de Winterthur, à une quinzaine de kilomètres de Zurich.

Son attitude vis à vis de la discipline assure à Einstein la popularité comme professeur, à défaut d'une grande efficacité. Pendant ses loisirs, il poursuit ses recherches qui commencent à se concentrer sur la possibilité d'un lien entre les forces moléculaires et la force de gravité agissant sur d'énormes distances. A ce stade, il semble qu'il cherche à intégrer les derniers progrès scientifiques à la structure globale de la physique classique, sans suggérer de structure de substitution. Mais il commence déjà à se pencher sur le système global - tentant de faire mieux que Newton. Projet certes ambitieux, mais comme il le dit dans une lettre à Grossman : « C'est une sensation merveilleuse que de reconnaître ce qui unit des phénomènes complexes qui se présentent comme totalement indépendants les uns des autres à l'expérience des sens ». Il commence alors à déceler ses points forts.

Il se rend à Zurich quand il le peut les week-ends pour voir Mileva et pendant la semaine ils

BIBLIOTHÈQUE VIRE

s'écrivent. Après un week-end de mai, Einstein écrit : « Qu'elle fut délicieuse la dernière fois où j'ai pu serrer ta chère personne contre moi de la façon dont la nature l'a faite ». Ils sont devenus amants.

Au bout de quelques mois, son contrat d'enseignement se termine sans autre perspective d'emploi. Quand il l'apprend, son vieil ami Grossman demande à son père de recommander Einstein pour un travail au Bureau Suisse des Inventions à Berne. Einstein apprend qu'aucun poste n'est libre pour le moment mais qu'on penserait à lui si un poste se dégageait. La nouvelle qu'il reçoit immédiatement après est que Mileva est enceinte.

Einstein a maintenant vingt et un ans ; il est chômeur et n'a pratiquement pas d'argent. L'entreprise de son père a de nouveau fait faillite et la famille de sa mère n'est plus disposée à l'entretenir. Einstein annonce à Mileva qu'il vont se marier, mais ils savent tous deux que c'est impossible. Il n'est pas en mesure de subvenir à ses besoins.

Finalement Mileva retourne à Novi Sad où elle donne naissance à une fille – qu'Albert et Mileva appellent 'Lieserl' (petite Lisa) dans leurs lettres.

Début 1902 Einstein se rend à Berne où un poste s'est finalement libéré au Bureau des Inventions. Il devient examinateur technique (de troisième classe), ce qui l'amène à trier les diverses inventions soumises à l'approbation du Bureau. Celles-ci comprennent le mélange habituel de trucs ingénieux, absurdités hilarantes et mécanismes très simples sur lesquels grandissent des dynasties financières. Einstein examine chaque gadget et doit lire le dossier qui l'accompagne (et qui est souvent aussi tortueusement complexe et impénétrable que le système qu'il est censé décrire). Son travail consiste à veiller à ce que ces deux éléments fort différents aient un rapport et qu'au moins l'un d'entre eux soit compréhensible. Il s'aperçoit alors que les notions les plus complexes peuvent généralement se réduire à un ensemble de principes fondamentaux simples. Cette leçon là, il ne va pas l'oublier.

Pendant ce temps Mileva et le bébé sont à mille kilomètres de là, à Novi Sad. Il semble que Lieserl soit une enfant maladive et Mileva n'est pas elle-même au mieux. La suite de l'histoire de Lieserl et de ses parents est une tragédie typique de l'époque qui n'est remontée à la surface que dans les années 1990 et dont l'histoire reste à raconter entièrement. Il semble que les parents de Mileva l'aient convaincue de faire adopter l'enfant et qu'Einstein n'ait pu (ou voulu) y faire grand-chose. Qu'est-il advenu de l'enfant qui porte les gènes d'un des plus grands esprits scientifiques de tous les temps ? Lieserl semble avoir disparu sans laisser de traces – hormis un curieux épisode. Plus de trente ans plus tard, alors qu'Einstein est célèbre dans le monde entier et vit en Amérique, il entend dire qu'une femme essaie en Europe de se faire passer pour sa fille illégitime. Einstein refuse de publier un démenti et engage discrètement un détective privé pour découvrir si les affirmations de cette femme sont véridiques... On ne connaît pas le fin mot de l'histoire. Dans le cours normal des choses, Lieserl aurait pu espérer vivre jusque dans les années 1970. Le Dr Robert Schulmann, qui a publié les papiers d'Einstein a laissé entendre que de nouveaux témoignages pourraient apparaître un fois réglés les événements de l'ancienne Yougoslavie.

En décembre 1902, moins d'un an après la naissance de sa fille, Mileva quitte Novi Sad seule et se rend en Suisse. Il est patent pour tous ses amis qu'elle vient d'éprouver une profonde tristesse, mais elle n'en révèle pas la raison. Mû par un mélange de compassion, d'affection et de devoir, Einstein décide d'épouser Mileva. Ses raisons à elle sont tout aussi mêlées, mais elle sent qu'elle n'a personne d'autre vers qui se tourner.

Le 3 janvier 1903, Albert et Mileva se marient. Après un repas de cérémonie pris en compagnie de quelques amis dans un restaurant de la ville, les jeunes mariés s'éclipsent dans la nuit glaciale vers le petit appartement d'Einstein au 49 Kramgasse, juste au coin de la rue. En arrivant, Einstein s'aperçoit qu'il a perdu sa clef. On cite souvent l'anecdote comme un exemple classique de la distraction d'Einstein. D'autres pourraient y voir une interprétation plus freudienne.

Einstein a maintenant vingt-trois ans et pas un sou. Afin d'éviter d'avoir à affronter cette douloureuse réalité, il se plonge dans ses recherches scientifiques. Cela va se répéter à chaque fois que les choses iront mal : Einstein s'évadera dans son monde abstrait. Pendant cette période, il rédige un certain nombre d'articles scientifiques, certains étant édités dans les prestigieuses *Annalen der Physik.* Einstein s'intéresse à la thermodynamique et il met aussi au point des méthodes statistiques pour évaluer les mouvements de l'énorme quantité de molécules qui occupent un volume relativement restreint de liquide ou de gaz. Aucun de ces articles n'est particulièrement original, et il n'y a guère que rétrospectivement qu'on peut y déceler les signes des grandes découvertes à venir.

En 1904, Mileva donne naissance à leur premier fils, Hans Albert. Quelques mois plus tard, le vieux copain d'Einstein, Besso, obtient aussi un poste au Bureau des Inventions. Ce qui veut dire qu'il a maintenant quelqu'un avec qui discuter de ses recherches. Ses idées dépassent désormais les connaissances de Mileva et leurs discussions sont encore plus sévèrement réduites par sa maternité. On comprendra que Mileva en éprouve quelque ressentiment et que Besso ne soit pas toujours le bienvenu au 49 Kramgasse. C'est pourquoi Einstein prend l'habitude de discuter ses idées avec Besso en rentrant à pied du travail, souvent par un itinéraire détourné.

Il se peut que les articles publiés par Einstein ne soient pas de la première importance, mais l'étendue de ses préoccupations et intuitions est à coup sûr originale. Si originale en fait qu'il ne voit pas de moyen de l'exprimer sous forme cohérente, se plaint-il à Besso lors de leurs promenades. Einstein s'est désormais rendu compte que la physique traditionnelle est terminée. L'espace, le temps, la lumière n'entrent pas dans les définitions de Newton. Une explication entièrement nouvelle de l'univers est devenue nécessaire.

Telles sont les idées révolutionnaires qui germent dans la tête d'Einstein et il passe autant de temps qu'il le peut à les mettre au point. Pourtant la vie chez les Einstein est loin d'être propice à une réflexion plus pénétrante et globale que tout autre depuis Newton. Aujourd'hui l'appartement du 49 Kramgasse possède le calme aseptisé d'un petit musée dédié à Einstein et à la théorie de la relativité qu'il y a conçue. Pendant ces premiers temps, dans la fièvre de la créativité et de la vie familiale, l'atmosphère a de quoi monter quelque peu à la tête. Les visiteurs se souviennent de l'odeur nauséabonde des habits et des couches en train de sécher, du tabac à pipe d'Einstein et de la fumée s'échappant du poêle disjoint. En hiver, il fait trop froid pour ouvrir les fenêtres ; en été la chaleur exalte les odeurs.On trouve volontiers Einstein plongé dans un livre, balançant distraitement du pied le berceau où hurle le bébé en pleurs, tandis que Mileva fait la lessive sur l'évier. Parfois ses amis le rencontrent sur le trottoir au milieu de la foule, penché sur le landau où il a étalé ses notes, plongé dans de longs calculs, tandis que le bébé lui frappe sur la tête avec son hochet.

Toute cette réflexion obsessionnelle culmine soudainement en 1905. C'est pour Einstein l'*annus mirabilis*. Au cours de cette année, il envoie quatre articles aux *Annalen der Physik*. Ils changent littéralement le monde.

Le premier article à paraître dans les *Annalen der Physik* est 'D'un Point de Vue Heuristique Concernant la Production et la Transformation de la Lumière' (*Uber einen die Erzeugung und Verwandlung des Lichtes betreffenden heuristischen Gesichtpunkt*). Einstein lui-même considère cet article de 17 pages comme « très révolutionnaire », et il va en vérité transformer toute notre compréhension de la nature de la lumière - d'une telle manière que la physique ne va plus jamais être la même.

Pour bien comprendre l'importance de l'article d'Einstein, il faut revenir en arrière sur l'histoire scientifique de la lumière. Depuis les Grecs de l'antiquité, les philosophes et savants croient que la lumière est constituée de minuscules grains de matière. Avec l'invention du télescope au début du

XVIIe siècle, cette opinion est contestée. En 1678, l'astronome et physicien hollandais Huygens émet la suggestion que la lumière est en réalité formée d'ondes. mais un critique contemporain fait l'objection : « Comment même les vagues de la mer peuvent-elle se déplacer sans eau salée ? » Autrement dit, les ondes ont toujours besoin d'une substance ou 'médium' qui les transmette. Les ondes lumineuses peuvent se déplacer dans l'air, l'eau, le verre, mais comment se déplacent-elles dans l'espace ou le vide ? Huygens trouve l'idée d'une substance invisible et omniprésente nommée éther. Plus tard celui-ci est défini comme une entité statique, dépourvue de masse et remplissant la totalité de l'univers.

En 1704, Newton publie son grand traité sur la lumière intitulée *Optique*. Celui-ci décrit de manière exhaustive tous les comportements et qualités de la lumière. Pour expliquer ces multiples propriétés, il propose une théorie corpusculaire, la lumière étant composée de particules qui sont influencées d'une certaine façon par les ondes. Malheureusement Newton est dans l'incapacité de trouver une explication convaincante mariant ces deux éléments apparemment contradictoires.

La théorie ondulatoire de la lumière reçoit un appui de taille au siècle suivant avec les travaux menés par le physicien écossais James Clerk Maxwell, qui meurt en 1878, l'année qui précède la naissance d'Einstein. Dans les années 1860, Maxwell calcule que les forces électriques et magnétiques doivent se déplacer dans l'espace à la vitesse de la lumière. Il en déduit immédiatement que la lumière aussi est une forme de rayonnement électromagnétique, transmis dans l'éther sous forme d'ondes. Il affirme aussi que la longueur d'onde de la lumière n'occupe qu'une petite partie du spectre des ondes électromagnétiques, et prédit que d'autres types d'ondes électromagnétiques de longueurs d'ondes différentes seront bientôt découvertes.

Ces découvertes sont confirmées en 1888 par le physicien allemand Heinrich Hertz qui découvre les ondes radio. Celles-ci se comportent précisément de la même façon que la chaleur et la lumière, toutes montrant des caractéristiques ondulatoires. Hertz est le premier à émettre et à recevoir les ondes radio récemment découvertes, mais meurt de septicémie en 1894 avant d'avoir trouvé une utilisation à sa découverte. C'est le physicien italo-irlandais Marconi qui est le premier à mettre en application pratique la découverte de Hertz. Les travaux de

Hertz corroborent la théorie ondulatoire de la lumière en confirmant l'intuition de Maxwell selon laquelle les forces magnétiques et électriques se déplacent dans l'éther à la même vitesse que la lumière.

Malheureusement, certains commencent à avoir des doutes à propos de l'éther sur lequel toute la théorie ondulatoire de la lumière semble reposer. Non seulement faut-il que l'éther remplisse tout l'espace et pénètre tous les corps, encore lui faut-il être constamment uniforme et rigide si on veut qu'il transmette les ondes lumineuses.

En 1887, le scientifique de la marine américaine Albert Michelson et son collaborateur Edward Morley font une expérience destinée à mesurer la vitesse de la Terre. Ils espérent y parvenir en mettant en évidence l'effet du mouvement de la terre sur l'éther statique. Ils s'aperçoivent qu'il n'y a aucun effet, ce qui amène les observateurs à commencer à douter de l'existence de l'éther. Bien qu'il soit présent partout, quelqu'un est-il déjà parvenu à apporter une preuve réelle de l'existence de cette substance décidément bien fuyante ? Quelqu'un a-t-il même enregistré sa présence lors d'une expérience ? Et pourtant, sans éther, quel médium est présent pour acheminer les ondes à travers l'espace ?

En dépit des travaux de Maxwell et de leur apparente confirmation concluante par Hertz, des signes nouveaux commencent à apparaître semblant contredire la théorie ondulatoire de la lumière. Un effet photoélectrique est observé quand certains solides sont frappés par la lumière. Cet effet est causé par l'émission d'électrons. En particulier, on s'aperçoit que quand une lumière ultraviolette frappe certains métaux, elle cause une émission mesurable d'électrons. Le physicien allemand Philipp Lenard explique cela en suggérant que ces photo-électrons, comme on les baptise, sont déplacés du métal par la lumière incidente. Si tel est le cas, une augmentation de la lumière entraînera à coup sûr une augmentation de la vitesse des électrons ainsi dispersés. Mais cela ne se produit pas. Au contraire, un plus grand nombre d'électrons est émis, mais à la même vitesse. Alors Lenard découvre quelque chose d'encore plus curieux. C'est *quand il change* la couleur de la lumière (autrement dit, quand il en modifie la fréquence), que la vitesse des électrons émis est affectée. La vitesse des électrons émis augmente à mesure qu'augmente la fréquence.

Ceci, lié à d'autres phénomènes indiquant des incohérences dans la théorie ondulatoire, est étudié à Berlin par le physicien allemand Max Planck. Il se lance dans une description mathématique de ces phénomènes qui va l'entraîner vers des résultats de plus en plus surprenants. Ceux-ci semblent contredire les principes fondamentaux de la physique traditionnelle tels qu'on les comprend depuis Newton, c'est à dire depuis deux cent ans.

Le 14 décembre 1900, Planck parvient à une conclusion de la plus haute importance. Ce jour là, alors qu'il se promène dans les bois de Grunenwald à Berlin, il annonce à son jeune fils : « Aujourd'hui, j'ai fait une découverte aussi importante que celle de Newton… J'ai fait le premier pas au-delà de la physique traditionnelle ». Selon les découvertes de Planck, quand la lumière frappe la matière, elle n'est pas absorbée ou émise en un flux continu, comme le voudrait le bon sens (ainsi du reste que les théories ondulatoire et corpusculaire de la lumière). Au contraire, elle est émise ou absorbée sous forme de paquets distincts d'énergie, un peu comme des particules. Ces paquets d'énergie, il les nomme quanta, du latin 'combien'. La taille de ces quanta est liée à la fréquence ondulatoire de la lumière.

La lumière semble renfermer une contradiction interne car elle est composée en même temps d'ondes et de particules. Ce qui est littéralement inconcevable et que Planck refuse d'admettre. Il précise que sa théorie ne fait que décrire la *relation* entre la lumière et la matière et qu'elle ne s'applique pas à la *nature* de la lumière elle-même. Il est convaincu que ces paquets d'énergie - les quanta – s'unissent d'une certaine manière pour former des ondes quand ils se déplacent séparément de la matière. Mais il est incapable d'expliquer comment cela se passe. La théorie des quanta est née, mais reste en grande partie inexplicable, y compris pour celui qui en est à l'origine.

C'est Einstein qui finalement suggère une solution au problème. Un peu comme ses quanta, Planck est deux choses contradictoires à la fois : il a à la fois raison et tort. Les quanta expliquent bien la lumière en relation avec la matière ; bien plus encore, ils expliquent la nature même de la lumière. Einstein formule son idée sous forme d'un argument physico-mathématique détaillé dans son article historique de 1905 intitulé 'D'un Point de Vue Heuristique Concernant la Production et la Transformation de la Lumière'. Il se peut qu'Einstein considère tout cela comme « très révolutionnaire », il n'en reste pas moins curieusement hésitant. Il reconnaît que son opinion est « inconciliable avec les principes établis … et même peut-être indéfendable ».

Selon Einstein, il faut traiter la lumière dans certaines applications comme des particules indépendantes, un peu comme un gaz, mais avec une masse zéro au repos. Dans ces cas là, la lumière est composée de quanta (plus tard appelés photons). Mais il y a, de plus, des cas où la lumière fait preuve d'un comportement ondulatoire, et doit être traitée comme si elle était composée uniquement d'ondes.

Planck a détecté une autre anomalie dépassant le cadre de la physique traditionnelle. La solution d'Einstein signifie définitivement la fin de la conception classique de la physique en ce qui concerne la lumière. Pis encore, elle défie les règles de la logique. La lumière est censée être deux choses contradictoires à la fois. Comment une chose peut-elle consister en des particules discrètes, et être en même temps une onde dont on peut mesurer la longueur ? La science vient d'entrer dans une ère nouvelle dépassant le sens commun. Dans un cas comme celui-ci la science ne cherche pas obligatoirement à comprendre ce qui se passe ; elle cherche à le décrire – par des moyens (contradictoires ou non) qu'on pourrait *utiliser* pour expliquer les phénomènes et déterminer les connaissances futures.

Le 'point de vue heuristique' d'Einstein (fondé sur des phénomènes observés, plutôt que théorie globale) explique l'effet photoélectrique, et se débarrasse de l'éther. La lumière se déplaçant sous forme de quanta se comporte comme des particules qui, à la différence des ondes, n'ont pas besoin de médium pour les transporter. Comme beaucoup le subodorent depuis quelque temps, on peut se passer de cette substance pour le moins fuyante. (Le bricolage expérimental d'Einstein à l'université pour détecter l'éther lui a peut-être explosé à la figure en lui blessant la main ; il s'est en tout cas vengé en abolissant l'éther.)

La nouvelle théorie de la lumière d'Einstein explique aussi quelques anomalies qui étaient apparues en physique traditionnelle. Une telle vision mécanique du monde n'est évidemment pas définitive. Bien que la conception de la lumière chez Einstein ressemble curieusement à la formulation imprécise de Newton deux siècles plus tôt, elle annonce le commencement de la fin pour la physique newtonienne. L'argument physico-mathématique d'Einstein permet l'arrivée de la théorie quantique et fait de la conception originale de Planck (les quanta) le fondement de la nature même de la lumière.

Cependant, Planck voit les choses différemment. Il n'en démord pas et précise que les quanta ne concernent que la lumière dans son rapport avec la matière. Jusqu'en 1912, Planck attaque dans ses cours donnés à l'université de Berlin, le 'point de vue heuristique' d'Einstein. Et il n'est pas le seul. Peu de savants sont prêts à admettre que la science puisse ainsi défier la logique. Ce n'est qu'à partir de 1915 que la théorique einsteinienne de la lumière commence à être acceptée, à mesure que les preuves expérimentales en sa faveur deviennent de plus en plus indéniables. A partir des années 20, la théorie quantique commence à apparaître comme l'une des avancées les plus importantes du XXe siècle. Planck reçoit le Prix Nobel en 1919, et Einstein deux ans plus tard. (Einstein reçoit ce suprême hommage pour son travail sur la lumière et les quanta, pas pour la relativité.) Sur un plan pratique, la théorie einsteinienne de la lumière va jouer un rôle déterminant dans le développement de la télévision. Mais son application la plus évidente aujourd'hui est 'l'œil électronique' qui ouvre automatiquement les portes. Enfant, Einstein restait éveillé la nuit à se demander comment la force magnétique voyageait dans l'espace : vingt ans plus tard, son explication du phénomène transforme la physique.

'Une Nouvelle Détermination de la Taille des Molécules' (*Eine neue Bestimmung der Molekuldimensionen)*, tel est le titre du deuxième article qui paraît dans le numéro 17 des *Annalen der Physik*, (dont on dit qu'un exemplaire rare vient de changer de mains pour plus de dix mille dollars). Ce second article indique une méthode de description de la taille d'une molécule de sucre. Ce travail a très justement été qualifié de « menu fretin au milieu des baleines que sont les trois autres articles ».

Ayant achevé cet amuse-gueule, Einstein revient à des questions plus fondamentales. Son article suivant s'intitule ' Du Mouvement des Petites Particules Suspendues dans un Liquide Stationnaire, selon la Théorie Cinétique Moléculaire de la Chaleur' *(Uber die von der molekularkinetischen Theorie der Wärme geforderte Bewegung von in ruhenden Flüssigkeiten suspendierten Teilschen*). L'étude des liquides troubles ne semble pas à priori spécialement propice à faire des découvertes retentissantes, mais la propension d'Einstein à aller à la racine même d'un problème en a décidé autrement.

Un peu d'histoire une fois de plus. En 1828, le naturaliste écossais Robert Brown commence, aux cours de ses recherches en botanique, à observer de la poussière de pollen en suspension dans l'eau. Au microscope, il remarque que chaque particule de pollen est animée de mouvements en zigzag, continus et apparemment aléatoires. Comme s'ils étaient vivants. Mais quand il remplace le pollen organique par une poudre inorganique, il observe exactement le même effet. Brown semble être tombé par hasard sur cette célèbre impossibilité scientifique : le mouvement perpétuel. Brown reste interloqué devant ce phénomène, nommé du coup mouvement brownien et qui continue d'intriguer la communauté scientifique pendant tout le XIXe siècle.

Quand Einstein étudie le mouvement brownien, il est intrigué par cet apparent défi aux lois de la physique et trouve une solution typiquement originale et audacieuse. Selon la théorie cinétique moléculaire de la chaleur, les molécules invisibles du liquide sont en mouvement, ce mouvement s'intensifiant avec l'augmentation de la température du liquide. Aux yeux d'Einstein, l'agitation apparemment aléatoire des particules en suspension est en fait causée par le bombardement qu'elles subissent de la part des molécules invisibles composant le liquide. Suggestion particulièrement osée puisque bon nombre de scientifiques respectés ne sont toujours pas convaincus de l'existence des atomes et des molécules. (Ces entités résistent toujours à toute tentative d'observation. Tout comme pour l'insaisissable éther, personne n'a encore vu une molécule.) Mais Einstein pousse un peu plus loin le bouchon et entreprend de prouver l'existence de ces molécules invisibles. Utilisant les statistiques en dynamique, il entreprend même de prédire le nombre exact de molécules dans toute quantité donnée de liquide.

Même la présentation la plus simple de la façon dont il s'y prend donne une idée de la complexité de la chose. Un objet placé dans l'eau (ou dans tout liquide ou gaz) subit un bombardement continu des molécules de ce liquide ou gaz. Sous l'effet du hasard, la quantité de molécules bombardant un objet de grande taille sur tous ses côtés s'équilibre - et l'objet n'est pas déplacé. Cependant, un objet beaucoup plus petit, comme une particule de pollen, est susceptible d'être poussé dans un sens, puis dans l'autre, en raison du nombre légèrement supérieur de molécules le bombardant dans une direction. Einstein trouve une formule pour décrire cet effet. Selon celle-ci, le déplacement moyen des particules visibles dans une direction augmente comme la racine carrée du temps d'observation. Si la distance couverte par les particules pendant ce temps est mesurée, il est alors possible de calculer le nombre de molécules invisibles dans un volume donné de liquide ou de gaz. De cette façon, Einstein calcule qu'un gramme d'hydrogène en contient $3{,}03 \times 10^{23}$. (C'est à dire plus de 3 millions de millions de millions de millions de molécules.)

L'article d'Einstein non seulement entreprend de prouver l'existence des molécules, mais aussi de montrer leur densité et la façon de projeter leur comportement.

La démonstration théorique d'Einstein va être confirmée trois ans plus tard lors d'expériences pratiques conduites par le physicien et chimiste français Jean Perrin. Cette expérimentation sur le mouvement brownien de la gomme-gutte (une sorte de résine jaunâtre) dans l'eau est la première démonstration concrète de l'existence physique des atomes. Ses expériences révèlent aussi la remarquable précision des calculs purement théoriques d'Einstein.

Cette confirmation pratique des travaux d'Einstein met en lumière un trait essentiel de sa méthodologie. C'est une approche scientifique du XX^{è} siècle, aussi caractéristique à sa manière que le cubisme et la musique sérielle. Le XIX^{è} siècle a vu la montée de nombreuses disciplines scientifiques, des balbutiements à la maturité. Pendant cette période, la méthode scientifique a été en grande partie empirique. Des progrès spectaculaires ont été faits grâce à l'expérimentation, l'observation et l'utilisation d'appareils ingénieux. La méthode d'Einstein n'est pas expérimentale. Au contraire. Il reste au fond un théoricien impénitent. Les expériences viendront après, révélant des faits conformes à ses théories. La vieille méthode consistant à construire des théories à partir de faits soutenus par des preuves expérimentales est bien trop lente et ennuyeuse pour Einstein. Son esprit préfère foncer en avant et affronter d'ultimes possibilités qui dépassent de loin le cadre de l'expérimentation.

Einstein n'est pas le seul à aborder les choses de cette manière. C'est la méthode du siècle qui s'ouvre. (On a pu prouver en détail comme étant réalisables les explosions atomiques et les fusées vers la lune bien avant qu'elles n'existent réellement.) Le génie à la règle à calcul est désormais à la pointe de la science et remplace l'expert dans son laboratoire.

Dans ses articles précédents Einstein a fait la démonstration de deux entités fondamentales : la nature de la lumière et l'existence des atomes. Il a de la sorte changé complètement la façon dont la science conçoit le monde. Rien que ces intuitions uniques auraient suffi à faire de lui un des tous premiers esprits scientifiques de son temps. Mais il va encore plus loin. Combinant les perceptions qu'il a du monde microcosmique, il produit une théorie macrocosmique qui transforme l'univers. Cette performance va faire de lui un des intellects les plus créatifs de l'histoire de l'humanité (du même acabit que Newton et Beethoven).

Einstein n'a que 26 ans et n'est aux yeux de tous qu'un petit fonctionnaire sans le sou du Bureau des Inventions de Berne. Il a bien publié un article scientifique de temps en temps pendant ses loisirs, mais il n'est aucunement reconnu, même pas par la communauté scientifique locale.

Pendant toute son *annus mirabilis* Einstein travaille pratiquement isolé. Il y a un peu plus de deux siècles, Newton a connu une année similaire marquée par une créativité miraculeuse, pendant laquelle il a produit l'essentiel de son œuvre principale. Il avait à peu près le même âge qu'Einstein, fuyait la peste et vivait isolé à la campagne. Mais Newton n'était pas obligé d'aller au travail tous les matins, pas plus qu'il n'habitait un petit appartement avec une femme et un bébé. L'exploit d'Einstein semble n'avoir aucun équivalent dans l'histoire de l'esprit humain. Mais c'est avec son quatrième article qu'on se rend compte à quel point toutes ces louanges n'ont rien d'exagéré.

Depuis déjà quelque temps, Einstein s'interroge sur la manière d'établir une certitude dans les formulations physiques de grande ampleur. Il doit bien exister un étalon ultime et invariable qui puisse servir à mesurer toutes les quantités variables.

Sinon tout devient simplement relatif - et dépend du cadre de référence d'où on l'examine.

Contrairement à l'imagerie populaire, Einstein ne médite pas simplement ces questions au cours d'une transe de profonde contemplation (qui voit se dérouler toutes sortes d'excentricités plus ou moins distraites). Einstein choisit certes de cultiver cette image auprès de ses collègues, mais la réalité est moins confortable. Il est un penseur passionné qui, en privé, reconnaît que de longues périodes de réflexion théorique profonde entraînent chez lui «une tension psychique … marquée par toutes sortes de conflits nerveux » . Au printemps 1905, Einstein se trouve plongé dans la crise nerveuse la plus forte qu'il ait jamais connue.

En rentrant à pied du Bureau des Inventions, il a l'habitude de tester ses idées sur Besso, mais il devient vite clair que ses pensées glissent maintenant dans un monde où les commentaires de Besso ne lui sont plus d'une bien grande utilité. Alors Einstein commence à arpenter les rues et arcades médiévales de Berne, traversant parfois distraitement la rivière pour se retrouver en pleine campagne. Une fois, il ne reprend ses esprits que lorsqu'il s'aperçoit qu'il est sur un chemin de campagne, trempé jusqu'aux os au beau milieu d'un orage.

Le talent exceptionnel d'Einstein s'explique partiellement par sa capacité à décortiquer les formules et les problèmes les plus complexes pour aller jusqu'aux principes fondamentaux qui les sous-tendent. De là, il essaie toutes sortes de déductions pour chercher à atteindre d'autres principes encore plus fondamentaux. Pendant le printemps 1905, l'effort mental constant qu'implique une telle démarche amène Einstein au bord de la dépression nerveuse. Il est épuisé, aussi bien physiquement que mentalement. Il ne peut plus manger correctement, il perd le sommeil. Pis encore, peu importe que son esprit soit concentré, ses pensées restent fragmentaires. Il a beau essayer, les morceaux ne collent pas. Ils refusent de se fusionner en une théorie cohérente – dont il est sûr qu'elle existe. Quelque part. Il est dans l'impasse : il lui semble ne plus pouvoir avancer. Un jour qu'il rentre du Bureau des Inventions en compagnie de Besso, il avoue finalement : « J'ai décidé de laisser tomber - la théorie complète. »

Ce soir là, il se couche désespéré tout en ressentant un sentiment curieux de soulagement. Il reste allongé, prostré, ni éveillé, ni endormi. Le lendemain matin, il entre dans un état d'extrême agitation. « Une tempête s'est déchaînée dans ma tête », voilà comment il décrit l'épisode. Et au cœur de la tempête, il saisit l'idée qui lui échappe depuis si longtemps. Selon lui, c'est comme s'il venait d'avoir accès aux « pensées de Dieu ».

Il ne s'agit pas là de communication personnelle avec le Divin. Einstein a toujours affirmé ne pas croire en un Dieu personnel. Mais, à l'instar d'autres grands esprits de son temps (comme Picasso, Wittgenstein et même Freud à l'occasion), il continue à utiliser le mot Dieu en relation avec les grandes vérités qui hantent les limites de l'entendement humain. Seul ce mot semble évoquer la crainte respectueuse qu'elles inspirent. Il semble qu'Einstein et Picasso tous deux ressentent ce profond sentiment d'émerveillement dont parlent les grands philosophes, de Platon à Kant.

Einstein décrit ainsi ce qu'il a compris : « La solution m'est venue soudainement, avec l'idée que nos concepts et lois de l'espace et du temps ne peuvent prétendre être valides que dans la mesure où elles ont un rapport clair avec notre expérience ; et cette expérience pourrait bien conduire à une modification de ces concepts et lois. En donnant au concept de simultanéité une forme plus malléable, je suis arrivé à la théorie de la relativité restreinte. » Ce résumé simple est peut-être relativement facile à saisir (si on l'analyse à fond), mais l'argumentation physico-mathématique et la formulation qu'elle implique ne le sont pas. C'est ce qu'Einstein entreprend de faire dans un article de 31 pages intitulé 'De l'Electrodynamique des Corps en Mouvement' (ou selon son titre historique en allemand : *Zur Electrodynamik bewegter Körper*).

Pour comprendre la théorie de la relativité restreinte d'Einstein (comme il l'appelle), il faut déjà avoir en tête le système newtonien qu'elle remplace. A vrai dire, pour les applications quotidiennes, ce système newtonien correspond encore pour beaucoup à notre façon de voir le monde. Selon Newton, toute chose, des planètes en orbite jusqu'à la pomme qui tombe, est soumise à la même loi : la force de pesanteur. L'univers est considéré comme logique, ses lois restant cohérentes quels que soient le lieu ou les circonstances où elles s'appliquent. Les fondements de ce monde de bon sens sont l'espace et le temps. Newton l'explique de manière rassurante dans ses *Principia* : « Le temps absolu, vrai et mathématique, de lui-même et de par sa nature même, s'écoule également, sans rapport avec quoi que ce soit d'extérieur et sous son autre nom, se nomme la durée. » De même, « l'espace absolu, de par sa nature même, sans rapport avec quoi que ce soit d'extérieur reste toujours semblable et immuable ». Autrement dit, l'espace et le temps sont des absolus. Du moins semble-t-il.

Chaque fois que quelqu'un a la témérité de mettre en doute les certitudes de Newton sur la question, il les renvoie à Dieu. Les choses sont ainsi. C'est ainsi que l'univers a été ordonnancé. Point final. Mais alors pourquoi ? Comment Newton le sait-il ? C'est un devoir de curiosité scientifique que de poser ces questions. Mais l'autorité de Newton est telle que peu de gens osent. L'attaque va venir d'un autre côté. Même quand les preuves expérimentales commencent à révéler des incohérences dans la description newtonienne de l'univers, peu de gens pensent tout de suite à mettre en cause tout l'édifice de la physique traditionnelle.

La physique traditionnelle de Newton répond au mouvement relatif d'une façon satisfaisante. Un marin couché dans son hamac peut se considérer au repos par rapport à son navire ; mais pour quelqu'un debout sur le rivage et observant le navire en déplacement, le marin a une vitesse relative. De même, l'observateur stationnaire sur le rivage aurait une grande vitesse relative vu de l'espace intersidéral, car il se déplacerait alors à la vitesse de la Terre à travers l'espace. Mais la relativité s'arrête là, l'espace étant statique et immuable (tout comme l'insaisissable éther dont il est rempli). C'est l'étalon de référence absolu, de même que le temps absolu.

Ce n'est qu'à partir des années 1860, que des doutes sérieux s'expriment sur cet état de choses avec la théorie électromagnétique ondulatoire de la lumière de Maxwell (qui joue un si grand rôle dans l'article d'Einstein sur la lumière). La théorie de Maxwell soulève un problème dans la mécanique traditionnelle de Newton quand elle aborde la vitesse de la lumière sur les objets en mouvement. La vitesse de la lumière pourrait-elle ne pas être affectée par la vitesse de l'observateur ou la vitesse de sa source ? Ceci semble confirmé par la célèbre expérience de 1887 effectuée par Michelson et Morley et destinée à mesurer la vitesse de la Terre dans l'éther. Comme on l'a vu, celle-ci fait douter de l'existence de cet éther statique et omniprésent. Mais en fait elle va beaucoup plus loin. Elle est à l'origine essentiellement destinée à mesurer la vitesse de la lumière (*v*), puis à mesurer la vitesse de la lumière quand elle frappe la Terre dans la direction du mouvement terrestre (*m*). Ce qui donne vitesse de la lumière moins vitesse du mouvement terrestre (*v* - *m*). Si l'on soustrait l'une de l'autre, nous avons la vitesse de la Terre : $v - (v - m) = m$. Et, ô surprise, on s'aperçoit que la vitesse de la lumière est la même dans les deux cas. La vitesse de la Terre ne semble pas affecter la vitesse de la lumière. Mais cela ne peut être correct. Cela défie le bon sens (sans parler de la physique newtonienne).

A peu près à la même époque Mach commence à mettre en doute les idées de Newton sur l'espace absolu et le temps absolu. Mach, sur la foi de résultats expérimentaux et de faits établis, les réduit à « de purs concepts mentaux que l'expérience ne peut produire ».

Avant le début du siècle, le plus grand mathématicien de l'époque, le Français Poincaré, émet aussi un doute sur les notions d'espace et de temps absolus. Il affirme avec beaucoup d'ingéniosité que si en une nuit, alors que tout le monde est endormi, l'univers devenait mille fois plus grand, il resterait absolument semblable. Comment pourrions nous dire ce qui s'est passé ? Comment pourrions nous mesurer ce changement de dimension. Nous ne le pourrions pas. Le concept d'espace est donc relatif au cadre de référence qui sert à le mesurer. La physique traditionnelle approche d'un point critique et Poincaré en a conscience. Il suggère : « Peut-être faudrait-il construire une mécanique entièrement nouvelle … où la vitesse de la lumière deviendrait une limite infranchissable. » Poincaré ne va pas jusqu'à franchir le pas qui menace de plonger dans le chaos toute la connaissance scientifique. Einstein, lui, n'hésite pas.

C'est finalement Einstein qui trouve une solution aux nombreuses anomalies qu'on détecte dès lors dans la physique traditionnelle. La prouesse d'Einstein est de formuler une théorie qui, non seulement explique ces anomalies, mais en profite pour proposer une explication entièrement nouvelle de l'univers. Il le fait essentiellement en posant que la vitesse de la lumière dans l'espace est constante – peu importe que la source de lumière ou l'observateur soient en mouvement. En même temps, il pose qu'il n'existe pas de mouvement absolu. Ce qui veut dire qu'il n'y a pas de repos absolu. Auquel cas, toute vitesse est relative à son cadre de référence particulier (bien que la vitesse de la lumière, étant constante, soit toujours la même quelle que soit la référence).

Jusque là tout va bien : la première proposition explique l'expérience de Michelson-Morley, et la seconde évacue les anomalies telles que celles soulevées par Poincaré. Mais à l'évidence, les deux propositions d'Einstein semblent contradictoires. Comment peut-il exister un mouvement absolu, si la vitesse de la lumière est *toujours* la même ?

C'est alors qu'Einstein s'attaque au plus ardu. Il existe pour ces deux propositions une manière d'être vraies. Ceci aboutit à accepter qu'à la fois l'espace et le temps sont relatifs. Mais comment est-ce possible ? Poincaré a montré que l'espace était relatif ; et dissimulée dans son exemple de l'univers qui grossit mille fois, se trouve l'implication que le temps est lui aussi relatif. Einstein le montre et est confronté aux redoutables implications de la chose.

Selon Einstein, « Tous nos jugements dans lesquels le temps joue un rôle sont toujours des jugements portant sur des *événements simultanés*. Prenez par exemple quand je dis : 'Ce train arrive à sept heures'. Ce que je veux dire en réalité est quelque chose du genre : 'Le moment où la petite aiguille de ma montre indique sept et l'arrivée du train sont deux événements simultanés'. » Einstein suggère qu'il est peut-être possible de surmonter ces difficultés en mettant simplement 'la position de la petite aiguille de ma montre' à la place du mot 'temps'. Et ceci convient quand on ne parle que de l'endroit où se trouve la montre. « Mais cela ne tient plus quand on essaie de connecter dans le temps des événements se produisant dans les endroits éloignés de la montre. »

Einstein préfère toujours la théorie à l'expérimentation. De même qu'il préfère le raisonnement aux mathématiques. Le premier quart de son article sur la théorie de la relativité restreinte est pour ainsi dire vide de formules mathématiques, et celles-ci sont loin de former l'essentiel de la suite. Une des grandes forces d'Einstein réside dans sa capacité à visualiser de la manière la plus simple qui soit les situations mathématiques les plus complexes. Par exemple, sa réflexion sur la relativité est stimulée alors qu'il se rend au travail en tram et qu'il regarde distraitement la célèbre Tour de l'Horloge médiévale de Berne s'éloigner vers l'arrière. Que verrait-il si le tram se déplaçait à la vitesse de la lumière ? Selon la théorie de la relativité restreinte qu'il est en train de mettre au point, l'horloge de la tour semblerait s'être arrêtée. Dans le même temps, la montre placée dans sa poche continuerait à avancer (bien qu'en fait elle avancerait plus lentement. Une conséquence de la théorie d'Einstein étant qu'à mesure que la vitesse approche celle de la lumière, le temps ralentit pour devenir zéro à la vitesse de la lumière). Le temps n'est tout simplement pas le même pour chaque observateur quand les vitesses se rapprochent de la vitesse de la lumière.

Ceci soulève pourtant une objection d'évidence : qu'advient-il du temps 'réel' ? La Tour de l'Horloge et la montre devraient évidemment être d'accord en temps 'réel'. Mais comme Einstein l'a déjà affirmé, le temps 'réel' n'existe pas. Le temps absolu n'existe pas. Le temps ne s'applique qu'au point où il est mesuré. *Il n'y a pas d'autre façon de le mesurer.*

Ce qui amène de singulières possibilités. Prenez le 'Paradoxe des Jumeaux'. Un des jumeaux reste à la maison tandis que l'autre s'embarque pour un long voyage spatial à une vitesse proche de celle de la lumière. Selon Einstein, quand le jumeau astronaute rentrera, il sera plus jeune que son frère (son temps aura ralenti pendant toute la durée de son voyage, tandis que le jumeau resté chez lui aura poursuivi son temps 'normal').

Une fois terminé son article sur la théorie de la relativité restreinte, Einstein se met au travail sur ses implications mathématiques. Celles-ci laissent deviner des résultats encore plus stupéfiants, surtout quand le principe de la relativité est appliqué aux équations que Maxwell a formulé pour sa théorie électromagnétique de la lumière. Einstein démontre que quand une particule se déplace à une vitesse proche de celle de lumière, sa masse augmente et nécessite des quantités sans cesse plus vastes d'énergie pour la faire avancer.

Vers 1906, Einstein fait un constat fondamental, qui non seulement explique un peu mieux la nature des quanta, mais annonce aussi une avancée encore plus sensationnelle. Il apparaît que les quanta de lumière sont simplement des particules qui se sont, on ne sait comment, débarrassées de leur masse pour devenir une forme d'énergie se déplaçant à la vitesse de la lumière. Masse, énergie et vitesse de la lumière sont d'une certaine façon liées.

C'est maintenant qu'Einstein va payer le prix de son arrogance d'étudiant. Il ne s'y retrouve tout bonnement pas dans les mathématiques qu'il lui faut mettre en œuvre. Il lui faut presque deux ans - de grands progrès handicapés pas une technique défaillante et des bourdes occasionnelles - avant de finalement accoucher de sa célèbre formule qui résume cette relation dont il sait l'existence. Selon celle-ci : $e = mc^2$ dans laquelle e est l'énergie, m la masse et c la vitesse de la lumière. Cette formule bouleverse littéralement tout. Elle implique que la matière est de l'énergie solidifiée ; que si cette masse peut d'une façon ou d'une autre être transformée en énergie, une quantité minuscule de masse libère une quantité fantastique d'énergie. La vitesse de la lumière est approximativement 300.000 kilomètres par seconde. Ainsi, si on transforme la formule d'Einstein en $m = e / c^2$, cela veut dire qu'une unité de masse libère 90.000.000.000 unités d'énergie.

Voilà une formule qui répond à plusieurs questions qui troublent les scientifiques depuis quelque temps. Par exemple, elle semble expliquer pourquoi le soleil et les étoiles sont capables d'émettre de si vastes quantités de chaleur et de lumière depuis des millions d'années. D'une façon ou d'une autre leur matière est convertie en énergie. Mais comment ? Les expériences menées par la physicienne franco-polonaise Marie Curie en 1898 ont montré qu'une once de radium émet 4.000 calories à l'heure indéfiniment. Le radium est un élément radioactif ; il est instable et se décompose pour devenir du radon, libérant au passage de l'énergie. La formule d'Einstein explique *ce qui* se passe ; Marie Curie mentionne *comment* cela se passe. Mais il faudra 25 ans pour que la formule d'Einstein puisse être même vérifiée. Einstein considère que sa formule célèbre est le résultat le plus important de sa théorie de la relativité restreinte, mais dans ces premiers temps, il n'a pas la moindre idée de la façon dont on pourrait l'utiliser.

Retour en 1905. Einstein termine son article sur la théorie de la relativité restreinte et l'expédie aux *Annalen der Physik* où il paraît le 26 septembre 1905. Comme n'importe quel jeune homme qui vient de pondre ce qu'il considère comme un travail de pur génie, il attend royalement que lui parviennent les cris d'admiration d'un monde ébahi. Mais de telles reconnaissances sont rares - aussi rares que le génie authentique ; bien qu'hélas les deux coïncident rarement. Et il n'y a pas en l'occurrence d'exception.

Pendant plusieurs mois, rien ne se passe. A-t-il fait une erreur de calcul toute bête ? Mais il n'a pas pu en faire dans ses trois articles majeurs. L'été se passe puis vient l'automne, l'automne tourne à l'hiver. Einstein se remet à couper du bois et à monter des sacs de charbon pour le poêle fumant. Puis au Nouvel An, il reçoit une lettre de Max Planck lui demandant de clarifier certains calculs de l'article sur la relativité. Einstein sait instantanément que l'importance de son travail a été reconnue par l'un des grands scientifiques de son temps. D'autres reconnaissances vont sans doute suivre. Malgré tout, les choses tardent à venir. Les idées d'Einstein sont si révolutionnaires, et si contraires au sens commun, que beaucoup ne veulent (ou tout simplement ne peuvent) pas les prendre au sérieux. Pas facile pour des physiciens d'accepter la fin de la physique telle qu'ils l'ont toujours connue.

Pendant ce temps Einstein continue de travailler au Bureau des Inventions, s'arrêtant parfois dans un café pour discuter idées avec Besso au dessus d'une tasse de café. L'endroit en question se trouve être un des lieux favoris où se retrouvent les scientifiques de la faculté, mais Einstein continue d'être snobé par les universitaires des tables voisines. Einstein cherche dès lors à amplifier sa théorie de la relativité de manière qu'elle puisse rendre compte de la gravitation. Tâche presque aussi complexe et ambitieuse que le concept de relativité lui-même - mais qui concerne un sujet sur lequel il réfléchit maintenant beaucoup depuis plusieurs années.

Un de ceux qui ne tardent pas à reconnaître le travail d'Einstein est le mathématicien Minkowski, son ancien professeur de l'Ecole Polytechnique de Zurich (celui qui l'a traité un jour de chien paresseux). De fait, le travail d'Einstein commence maintenant à souffrir de son manque d'application en maths du temps où il était étudiant. Bien des points de détail de sa théorie de la relativité restreinte ont besoin d'être ficelés et beaucoup d'avenues restent à explorer. Plusieurs d'entre elles relèvent plus des mathématiques que de la physique.

Tout d'abord, il devient évident que la géométrie en trois dimensions ne suffit plus pour décrire l'univers. Une forme nouvelle de géométrie est devenue nécessaire. En 1907, Minkowski écrit un livre intitulé *Espace et Temps* dans lequel il affirme clairement que le temps doit être traité comme une quatrième dimension. Il démontre que ni le temps, ni l'espace ne peuvent être considérés comme des entités ayant une existence distincte. Le temps n'existe pas en dehors de l'espace auquel il fait référence ; de même l'espace n'existe pas sauf dans le temps. L'univers doit être vu comme construit autour d'une fusion 'espace-temps'. Minkowki en formule également le support mathématique.

Tout ceci se révèle être à la fois une source d'inspiration et un aiguillon pour Einstein. D'autres commencent à s'immiscer sur son territoire. Mais les calculs de Minkowski lui donnent une inspiration profonde. Il voit soudain comment intégrer la gravitation à la relativité. Newton considère la gravité comme la force qui attire les objets les uns vers les autres. Et si les objets se déplaçaient plutôt dans un champ gravitationnel ? La matière pourrait alors forcer l'espace à se courber. Einstein considère son inspiration comme « la meilleure pensée de sa vie ». La théorie de la relativité générale est née - six années pourtant seront nécessaires pour mener à bien ce travail.

Enfin Einstein réussit à obtenir un poste universitaire. Mais même maintenant, il a encore besoin de l'aide de ses amis. Son vieux copain des années étudiantes, Adler, l'idéaliste politique, est nommé professeur associé à l'université de Zurich. Mais quand il apprend qu'Einstein postule lui aussi, il se retire avec abnégation en déclarant : «Si l'université peut avoir quelqu'un comme Einstein, ma nomination est une absurdité. »

En 1909, les Einstein reviennent à Zurich où Edouard, leur deuxième fils, naît l'année suivante. Mileva se sent plus à l'aise dans la ville où elle a fait ses études et Einstein prend son poste de professeur associé. Les étudiants sont un moment interloqués à la vue de cet homme jeune, pas très propre sur lui, aux pantalons trop courts et aux cheveux trop longs, mal à l'aise près de son pupitre, un carte de visite toute froissée à la main. La carte de visite s'avère porter ses notes, mais il s'en passe très vite, préférant suivre le cours de ses pensées. Après les cours, il invite ses étudiants à continuer la discussion au Café Terrasse tout proche.

En 1911, Einstein se voit offrir un poste de professeur à part entière à l'université allemande de Prague. Les choses se passent comme auparavant. Lors de son arrivée, le concierge le prend pour un électricien venu réparer l'éclairage. Einstein est ravi de gagner mieux sa vie qu'à Zurich, mais Mileva est profondément perturbée d'avoir à quitter Zurich. Mileva se renferme dans sa coquille et Einstein, trouvant refuge dans son travail, affecte de ne pas s'en apercevoir. Son renom commence dès lors à se répandre dans le monde universitaire et il se déplace fréquemment pour donner des conférences et expliquer ses nouvelles théories. Mileva va jusqu'à dire qu'il est parti si souvent qu'elle est surprise qu'il la reconnaisse même.

Lors d'un de ces déplacements à Berlin en 1912, il retrouve sa cousine Elsa Löwenthal qu'il n'a pas vue depuis vingt ans lors d'une rencontre à Munich. Elsa a cinq ans de plus qu'Einstein ; une bonne *Hausfrau* de 38 ans, fraîchement divorcée, et mère de deux filles adolescentes. Elle est maternelle plutôt que brillante. Myope, elle lit le journal en le tenant tout contre son visage. C'est une femme pratique, de mentalité provinciale et qui ignore tout de la science. Pas le type d'Einstein semble-t-il, mais elle touche sans doute une corde sensible. Ils entament une correspondance.

Sans doute parce qu'ils se connaissent depuis l'enfance, Einstein est très entreprenant dès le départ. Il lui fait le coup du fils que sa mère n'a jamais vraiment aimé et ajoute ensuite qu'il a toujours eu besoin de quelqu'un à aimer. Il ne tarde pas à dire à Elsa qu'elle tient maintenant ce rôle. Elsa semble lui rendre la monnaie de sa pièce - mais c'est à ce moment qu'Einstein commence à avoir des scrupules. Enfermée dans sa solitude, Mileva est devenue une femme jalouse. Albert et Elsa continuent de s'écrire sporadiquement. Elle lui écrit sur son lieu de travail et lui fait promettre de détruire tout ce qu'elle lui envoie. Einstein joue certes les professeurs distraits mais il n'oublie pas de brûler les lettres d'Elsa.

En 1914, Einstein est nommé responsable de la physique à l'Institut Kaiser Wilhelm de Berlin. Il a trente-cinq ans et a réussi sur le plan académique. L'institut Kaiser Wilhelm est l'un des meilleurs dans le monde scientifique et parmi plusieurs éminents collègues se trouve Max Planck. Einstein peut ici poursuivre ses recherches sans être importuné et n'est requis de donner des cours à l'Université de Berlin que très occasionnellement. Pour se conformer au règlement de l'institut, il devient citoyen allemand.

Mileva déteste l'Allemagne encore plus que Prague. Au bout de trois mois, elle décampe pour Zurich, emmenant avec elle ses deux enfants. Le mariage semble irrévocablement brisé. Einstein est inconsolable à la perte de ses fils. Il envoie le mobilier de Berlin pour meubler l'appartement zurichois de Mileva, promet d'envoyer de l'argent tous les trois mois pour l'aider à vivre et s'installe dans une vie de célibataire dans sa chambre vide. Elsa habite le même quartier et il prend de temps à autre un repas chez elle, sans plus. Il vit comme à son habitude et s'enterre de plus belle dans son travail.

Mais il se passe maintenant quelque chose que même Einstein ne peut ignorer. En août 1914 éclate la Première Guerre Mondiale. L'Allemagne (comme tous les autres protagonistes dans toute l'Europe) est balayée d'une frénésie de patriotisme : les colonnes de soldats en marche pour le front sont acclamées dans les rues sans se rendre compte du carnage qui les attend. Des collègues d'Einstein sont requis pour produire un gaz asphyxiant efficace.

Einstein fait retraite dans sa mansarde vide et continue à travailler sur sa théorie de la relativité générale, ne sortant parfois qu'au bout de plusieurs jours. Le peu de visiteurs qu'il reçoit parlent d'un plancher nu. Pas de livres sur les rayonnages mais quelques exemplaires éparpillés des dernières revues scientifiques et diverses feuilles de papier couvertes de calculs jonchent le sol. Einstein apparaît souvent à la porte pieds nus et donne l'impression d'avoir dormi sous une vielle descente de lit. Un de ces rares visiteurs le décrit comme ressemblant à « un lion ébouriffé et ahuri qui viendrait de recevoir une énorme décharge électrique ». Les repas sont sporadiques et préparés simplement : tout cuit dans la même casserole. Quand la fille d'Elsa vient le voir un jour, elle le trouve en train de faire bouillir un œuf (encore tout maculé de fiente de poule) dans sa soupe. L'effet sur son tube digestif est aussi prévisible que douloureux. En plus de tout cela, il est soumis au tumulte émotionnel de son travail, ce qui l'entraîne tout près du point de rupture.

Rien d'étonnant à cela. Le travail qu'entreprend Einstein pendant cette période a été décrit comme «la plus grande prouesse de la pensée humaine sur la nature ; la plus étonnante combinaison de profondeur philosophique, intuition physique et talent mathématique ».

Sa précédente théorie de la relativité restreinte s'appliquait aux corps se déplaçant les uns par rapport aux autres en un mouvement uniforme. Cette fois, la théorie de la relativité générale s'étend aux corps se déplaçant avec une accélération relative, comme dans la gravitation (où un objet qui tombe augmente sa vitesse). Afin d'y parvenir, Einstein doit d'abord jeter aux orties la notion newtonienne classique de gravité comme force d'attraction entre deux corps. Inversement, il voit la gravité comme un champ d'énergie émanant de la matière elle-même. Plus grande est la quantité de matière, plus grand est l'effet de l'énergie gravitationnelle qu'elle émet.

Voilà qui peut sembler un point de détail, mais la différence est fondamentale. Newton fonde tout son univers sur une conception erronée de la gravité. L'idée que se fait Newton de la gravité comme force signifie que l'effet du soleil sur les planètes et l'effet des planètes sur leurs satellites sont instantanés. Mais comme nous l'avons vu, selon la théorie de la relativité restreinte, *rien ne peut se déplacer plus vite que la vitesse de la lumière*. Puisque les planètes se déplacent à environ 1/1000ème de la vitesse de la lumière, les différences de calcul basés sur ces conceptions contradictoires sont infinitésimales. Mais ce sont quand même des différences : une seule peut être vraie. Et le résultat en est fondamental : une seule de ces conceptions peut décrire la façon dont fonctionne l'univers.

La vision d'Einstein renferme d'autres implications plus renversantes encore. Depuis 1905, Einstein a aussi amplifié sa théorie de la lumière et développé la notion selon laquelle il faut la concevoir comme composée à la fois d'ondes et de particules. Mais si la lumière consiste en particules, elle peut être affectée quand elle traverse un champ gravitationnel. Autrement dit, si la lumière passe dans un puissant champ gravitationnel, elle est susceptible de se courber.

Or toute notre notion de ligne droite dépend du déplacement de la lumière. Par exemple, la plus courte distance entre deux points d'un champ incurvé ne serait plus une ligne droite. Tout comme un avion qui va de Paris à Los Angeles par le plus court chemin, elle décrirait une courbe.

De même, toute notre notion de vitesse absolue (et donc d'espace, et donc de temps) dépend de la vitesse de la lumière. Si un rayon lumineux est courbé en traversant un champ gravitationnel, cela signifie que rien ne peut se déplacer plus vite entre deux points d'un rayon incurvé qu'en suivant ce rayon incurvé. Autrement dit, il n'y a pas de distance plus courte entre ces deux points que la courbe. (Voilà ce que *signifie* l'espace courbe.)

Résultat : la géométrie euclidienne classique ne suffit plus à décrire l'univers. Et c'est encore là qu'Einstein se fait rattraper par ses maths. Sans fondations mathématiques, sa théorie n'est que pure conjecture, et on ne peut guère en tirer de conclusions.

Heureusement pour lui, quelqu'un a travaillé sur la géométrie non-euclidienne au XIXᵉ siècle : l'Allemand Georg Riemann. Depuis un demi-siècle ses mathématiques des surfaces courbes sont considérées comme totalement géniales mais totalement inutiles. Riemann a montré qu'en géométrie courbe, il est possible de tracer un nombre infini de lignes droites entre deux points. (Sur le globe terrestre, même une ligne droite partant de Paris et passant par San Francisco finira un jour par passer par Los Angeles.)

De même Riemann démontre qu'en géométrie courbe, il ne saurait exister de ligne droite de longueur infinie. Einstein se rend compte que si l'espace est incurvé, ceci s'applique aussi à l'univers. Une ligne droite finira toujours un jour par retomber sur elle-même. La nouvelle conception de l'univers d'Einstein est grandement facilitée par la notion d'espace-temps de son ancien professeur Minkowski. Celle ci fournit un lien supplémentaire entre la théorie restreinte et la théorie générale et remet en ordre des incohérences laissées par l'effet de la lumière courbe sur l'espace et le temps.

L'espace devient courbe, le temps aussi ; celui-ci n'est plus absolu mais agit simplement comme la quatrième dimension d'un continuum espace-temps. (Si la lumière se déplace en courbe, alors le temps ne peut pas voyager *plus* vite en ligne droite, il doit lui aussi se déplacer en courbe.)

Einstein publie ses résultats en mars 1916 dans *Annalen der Physik*, dans un article auquel il donne le titre de 'Fondement de la théorie de la relativité générale' *(Die Grundlage der allgemeinen Relativitätstheorie).* Les nouvelles idées d'Einstein font sensation et sont accueillies avec quelque stupéfaction. Voilà qui est fort bien mais qui n'est rien d'autre qu'une théorie. Il prétend décrire l'univers, mais tout ce qu'il a à fournir ce sont des maths - aucune preuve pratique. Certes sa théorie semble rendre compte de l'irrégularité infime relevée dans l'orbite de Mercure et que la physique newtonienne est incapable d'expliquer. Mais c'est là une preuve pratique bien peu concluante lorsqu'on prétend ni plus ni moins rendre compte de la nature fondamentale de l'univers.

Einstein suggère un test pratique. Selon sa théorie, la lumière provenant des étoiles lointaines devrait être déviée en traversant le puissant champ de gravitation du soleil. Malheureusement une telle lumière ne peut être observée que pendant une éclipse de soleil, et la prochaine n'est pas prévue avant 1919. Le monde va devoir attendre pour savoir s'il fait partie d'un univers courbe ou 'plat'.

Entre-temps, le monde s'aperçoit qu'il a des choses plus importantes à faire. Pour la plupart des gens, mars 1916 est marqué par l'énorme boucherie de la bataille de Verdun. Einstein est horrifié et ses sentiments pacifistes se renforcent.

Se rendant enfin en Suisse, il se rend compte que son mariage avec Mileva est fini. Au retour, il fond en larmes à l'idée d'être séparé de ses deux fils. Il n'en poursuit pas moins la procédure de divorce. L'effet sur Mileva est désastreux et elle fait une dépression nerveuse.

Toutes ces pressions, qui arrivent à l'issue d'une longue période de travail intellectuel d'une concentration extrême, amènent également Einstein au bord de la rupture. Selon son médecin: « comme son esprit ne connaît pas de limites, son corps ne suit pas de règles établies ; il dort jusqu'à ce qu'on l'éveille ; il reste debout jusqu'à ce qu'on lui dise d'aller se coucher ; il reste à avoir faim tant qu'on ne lui apporte rien à manger ; et alors il mange jusqu'à ce qu'on lui dise d'arrêter ». Les conditions de vie à Berlin pendant la guerre sont difficiles, et Einstein, totalement déstructuré, perd un moment plus de douze kilos en deux mois. Elsa le prend alors chez elle pour s'occuper de lui.

La guerre se termine enfin en novembre 1918 par la défaite allemande. Le Kaiser s'enfuit en Hollande, un gouvernement socialiste prend le pouvoir et le chaos politique s'installe. Einstein est réconforté par l'arrivée des socialistes, persuadé que le militarisme allemand appartient désormais au passé.

Soumis au régime de soins maternels d'Elsa, Einstein se remet petit à petit de sa maladie mais ne manifeste pas l'envie de retourner dans son appartement. Il s'installe à travailler dans sa chambre à l'étage et dans ses moments de repos on l'y entend jouer de son violon. On lui dépose en général ses repas devant la porte. Il vit détaché des soucis de la vie domestique et Elsa est bien contente de laisser la situation se poursuivre. Quand son divorce arrive, on lui suggère que peut-être ils pourraient se marier et il semble en accepter l'idée. Elsa lui coupe les cheveux, lui fait mettre un costume et ils se marient en juin 1919.

En novembre parviennent des nouvelles qui vont changer à jamais la vie d'Einstein. Au début de l'année, Arthur Eddington, l'astrophysicien britannique, a conduit une expédition sur l'île portugaise de Principe dans le golfe de Guinée où il a photographié l'éclipse solaire. Des étoiles jusque là invisibles en raison de l'éclat du soleil ont pu être observées. Les photos montrent aussi que lumière des étoiles est déviée quand elle passe près du soleil. C'est à dire que leur position semble différente de celle du moment où leur lumière ne passe pas à proximité du soleil. Les observations d'Eddington confirment les prédictions d'Einstein sur la déviation de la lumière des étoiles lointaines par le soleil. La théorie de la relativité générale est confirmée et pendant plusieurs jours Einstein est plongé dans un état euphorique.

Mais sa réaction n'est rien en regard de celle de la presse mondiale. Peu de gens savent ce qu'est la relativité (même dans les milieux scientifiques), mais tout le monde comprend que l'univers a apparemment changé pour toujours. Soudain l'obscur prof de physique berlinois est acclamé comme 'le plus grand génie du monde'.

Le monde vient de sortir du carnage désastreux d'une guerre mondiale, la soi-disant 'der des ders', et on a bien besoin de bonnes nouvelles. Les 'grands hommes' du passé - chefs militaires, hommes d'état, aristocrates - sont discrédités. Le monde entre dans l'ère du populisme (le temps de 'l'homme ordinaire') qui a besoin de se trouver de nouveaux héros. Le processus a commencé en Amérique avec le phénomène Charlie Chaplin, et Einstein va bientôt le rejoindre. Le génie modeste et distrait - qui oublie parfois de manger ou de mettre une chemise, qui joue du violon et gribouille des formules sur la nappe lorsqu'on l'invite à dîner - est exactement ce que recherchent la presse et le grand public. De la même manière, les désillusions d'après-guerre sur les formes anciennes de la religion et de la philosophie créent un vide spirituel que beaucoup de gens tentent de combler avec la relativité. On possède là l'explication réelle de tout.

Einstein se transforme alors en personnage public qui voyage à travers l'Europe pour donner des conférences sur la relativité. Après l'Europe il se rend en Amérique où il reçoit un accueil triomphal.

(«L'homme qui a courbé l'espace en visite à Chicago.») Elsa vérifie qu'il est convenablement habillé et fait semblant de ne rien remarquer quand il joue les séducteurs auprès des dames de la bonne société. « C'est avec moi qu'il rentre à la maison », insiste-t-elle, mais en plusieurs occasions, son attitude la plonge dans le désarroi. Mais ce comportement est plus qu'une simple question de personnalité : c'est aussi pour beaucoup une question de principe. Il y a dans les principes socialistes d'Einstein une croyance en la complète liberté de l'individu. Son attitude bohème va plus loin que son allure extérieure.

En 1921, il reçoit le Prix Nobel et envoie les 32.000 dollars qu'il représente à Mileva. Il les lui a secrètement promis au moment du divorce, quelques années avant que son travail ne soit reconnu. Einstein n'a jamais douté de l'importance de ce qu'il a accompli ou qu'un jour ses mérites seraient reconnus et récompensés.

Einstein est parfaitement conscient du côté ridicule de sa célébrité. Comme pour s'en protéger, il en rajoute sur le côté excentrique (ce qui n'est pas très difficile), mais sinon, il insiste pour faire bon usage de sa renommée. Il fait longtemps et fermement campagne en faveur du désarmement international, adhère complètement au sionisme et fait tout ce qu'il peut pour contrer la montée de l'antisémitisme en Allemagne.

Au milieu du rythme trépidant de ses tournées de conférences et de ses campagnes, Einstein tente de pousser plus avant ses travaux. Bien qu'il ait réussi à redéfinir la gravité et à la relier à la relativité, il reste des détails à fignoler. Einstein souhaite établir une relation mathématique entre les forces électromagnétiques (telles que la lumière) et la gravité. Celle-ci établirait les bases d'une loi fondamentale sur le comportement général de toute chose, du plus petit des électrons aux étoiles les plus grosses. Einstein essaie de découvrir une formule encore plus fondamentale que $e=mc^2$. Il souhaite relier toute les propriétés de la matière en une théorie de champ unifié. De cette théorie unique et absolue, il pourrait dériver la théorie des quanta. De cette façon, il pourrait surmonter l'élément d'ambiguïté essentielle de la théorie des quanta, qui défie la logique en traitant la lumière à la fois comme des ondes et des particules. Comme il le souligne dans une lettre célèbre au théoricien des quanta Max Born en 1926 : « Je suis persuadé que Dieu ne joue pas aux dés ». Mais Nils Bohr qui supervise le développement de la théorie des quanta à Copenhague, est certain que la croyance d'Einstein en un univers à la mécanique d'une extrême précision est erronée. S'il doit y avoir un principe absolu, cela ne peut être que la théorie des quanta,

Les articles publiés par Einstein ont toujours été accueillis avec scepticisme – mais maintenant le scepticisme va émaner de ceux qui l'ont toujours soutenu. Il a certes transformé le monde, mais il semble désormais être laissé à la traîne. Einstein est un homme ambitieux et cela le chagrine. Derrière la façade de célébrité, il y a pour Einstein des moments difficiles. Son fils Edouard fait une dépression nerveuse. Dans le passé, Edouard a pratiqué de loin pour son père le culte du héros, mais celui-ci se transforme en haine d'avoir été abandonnés, lui et Mileva. Puis les nazis prennent le pouvoir en Allemagne et offrent une récompense de 20.000 marks pour son assassinat. « Je ne savais pas que je valais autant » commente-t-il, mais il est contraint de fuir en Amérique.

Einstein accepte un poste permanent à l'Institut d'Etudes Avancées de Princeton qui vient d'être fondé à des fins de recherche fondamentale. Quand il arrive en Amérique, il a soudain l'air d'un vieillard. Bien que seulement âgé de cinquante-quatre ans, sa tignasse est devenue complètement blanche et son visage semble être devenu de pierre.

Dès lors, Einstein va s'installer dans une routine qu'il changera peu jusqu'à la fin de ses jours. Chaque matin, il quitte sa modeste maison de bois du 112 Mercer Street et fait à pied les vingt minutes de trajet jusqu'à l'Institut qui commence alors à attirer certains des plus fins cerveaux de la communauté scientifique.

Nous avons là l'Einstein qui est devenu une légende de son vivant – le génie excentrique et bienveillant qu'adore tant la presse. Mais il est en grand partie devenu un personnage triste. Il s'est depuis longtemps coupé de ses pairs. La théorie des quanta ne donne pas beaucoup de résultats spectaculaires et l'obstination d'Einstein à chercher une théorie de champ unifié frappe beaucoup de gens comme le gâchis d'un esprit exceptionnel. Comme le remarque son ami Max Born : « Beaucoup d'entre nous voyons cela comme une tragédie, à la fois pour lui qui tâtonne et cherche son chemin dans la solitude, et pour nous qui avons perdu notre guide et notre porte-drapeau ». Einstein a joué un rôle majeur dans le développement de la théorie des quanta, et maintenant il refuse d'en croire les implications.

En 1936, Elsa meurt et il se rétracte encore un peu plus dans sa coquille, obsédé par ses calculs apparemment futiles.

On dit qu'Einstein a accompli deux actions remarquables dans les dernières décennies de sa vie. La première, sublime, aussi bien dans sa réalisation que dans son horreur. En 1939 le physicien danois Nils Bohr rend visite à Einstein à Princeton et lui confirme des informations alarmantes. La formule d'Einstein $e = mc^2$ a été spectaculairement vérifiée, Les savants allemands ont réussi la fission de l'atome et pourraient bientôt être capables de fabriquer une bombe d'une puissance impensable. Einstein écrit au président Roosevelt pour l'en informer. Sans qu'Einstein soit mis au courant, Roosevelt lance en secret le projet Manhattan destiné à fabriquer la première bombe atomique. En 1945, quand Einstein voit le résultat de ce qu'il a fait, il suscite une campagne mondiale en faveur de l'interdiction des armes nucléaires. Pour le remercier, le FBI ouvre une enquête sur lui.

Par opposition, l'autre action remarquable d'Einstein au cours de ces décennies a un petit côté ridicule. Il est alors le juif le plus célèbre du monde et, en 1952, on lui offre le poste de président du tout nouvel état d'Israël. N'étant pas du genre à tomber dans le piège de son propre mythe, il a la bonne grâce de décliner la proposition.

Pendant ce temps, Einstein continue de travailler à sa théorie de champ unifié. Il poursuit ses efforts herculéens en dépit d'une santé déclinante. Un par un, il est contraint d'abandonner ses passe-temps favoris. Ses maux d'estomac chroniques (partiellement hérités de ses singulières habitudes diététiques du passé) le forcent à abandonner sa chère pipe. Finalement son précieux violon est lui aussi mis de côté. Mais ce ne sont pas là des sujets majeurs de préoccupation. A la limite, cette abstinence veut dire qu'il a désormais plus de temps à consacrer à son ultime et unique objectif.

En 1950, Einstein publie une nouvelle version de sa théorie de champ unitaire. Silence embarrassé de ses pairs. Il a maintenant soixante et onze ans, mais fait (du moins en apparence) beaucoup plus vieux. Il avoue s'être souvent senti étranger en ce monde mais s'y sent assez chez lui pour être profondément désenchanté. La poursuite de la campagne du FBI contre lui et son échec dans la formulation de sa théorie de champ unifié commencent à peser très lourd. Il se fatigue de plus en plus. Au printemps 1955, à l'âge de soixante-seize ans, il s'écroule. Quatre jours plus tard, le 18 avril 1955, il meurt dans son sommeil à l'hôpital de Princeton. Près de son lit on retrouve une page de calculs inachevés concernant la théorie de champ unifié.

POINTS ESSENTIELS

Extraits de l'article d'Einstein publié en 1905 sur la relativité :

« La théorie qui va être exposée ici est fondée - comme toute électrodynamique - sur la cinématique du corps rigide. Ceci parce que les assertions d'une telle théorie concernent les rapports entre les corps rigides (système de coordonnées), les horloges et les phénomènes électromagnétiques. Le peu d'attention qu'on leur porte est la cause des difficultés que rencontre l'électrodynamique des corps en mouvement aujourd'hui.

1 Partie cinématique

1ère partie Définition de la simultanéité.

Prenons un système de coordonnées dans lequel les équations de la mécanique newtonienne tiennent (c'est à dire à la première approximation).

Afin d'être précis et de distinguer ce système de coordonnées des autres devant être utilisés, nous l'appellerons 'système stationnaire'.

Si un point matériel est au repos relativement à ce système de coordonnées, sa position peut être définie par rapport au système au moyen de mesures précises et de la géométrie euclidienne, et peut être exprimée sous forme de coordonnées cartésiennes.

Si nous souhaitons décrire le *mouvement* d'un point matériel, nous donnons les valeurs de ses coordonnées comme fonctions du temps. Cependant, il faut se rendre compte qu'une description mathématique de ce type n'a pas de signification physique à moins d'être parfaitement clair sur ce que nous entendons par 'temps'. Il nous faut nous rendre compte que tous nos jugements où le temps joue un rôle sont toujours des jugements portant sur des *événements simultanés*. Par exemple quand je dis : 'ce train arrive à sept heures,' ce que je veux dire est quelque chose du genre : 'Le moment où la petite aiguille de ma montre indique sept et l'arrivée du train sont deux événements simultanés'.»

La relativité en deux mots :

Sur de très grandes distances, le temps et l'espace deviennent relatifs. *Seule la vitesse de la lumière reste constante.*

Einstein définit la relativité pour le profane :

« Quand on fait la cour à une jolie fille, une heure semble être une seconde. Quand on s'assied sur des braises une seconde semble être une heure. C'est ça la relativité. »

La formule qui a donné la bombe :

$E = mc^2$
Où e est l'énergie libérée, m la masse et c la vitesse de la lumière.

Au commencement :

Dans la foulée de la théorie d'Einstein les savants ont pu remonter l'histoire de l'univers jusqu'à une fraction de seconde après le Big Bang. Cette fraction de seconde a maintenant été ramenée à une décimale de quarante-deux zéros et d'un un - soit : 0,000000000000000000000000000000000000000000001. Ce qui s'est passé au moment précis de la création reste une inconnue, du moins aux yeux de la science.

Quelques phrases clés

- « Je suis convaincu que Dieu ne joue pas aux dés. »
- « La libération de la puissance de l'atome a tout changé sauf nos modes de pensée et c'est pourquoi nous glissons vers une catastrophe sans égale. »
- « Je ne pense jamais à l'avenir, il vient toujours assez tôt. »
- « La politique est pour le présent, mais une équation est pour l'éternité. »
- « Si **A** est la réussite dans la vie, alors $A = x + y + z$. Le travail étant x, le jeu y et z étant de fermer sa gueule. »
- « Si ma théorie de la relativité s'avère correcte, l'Allemagne me reconnaîtra comme savant allemand et la France déclarera que je suis un citoyen du monde. Si ma théorie s'avère fausse,

la France dira que je suis allemand et l'Allemagne déclarera que je suis juif. »

- « Dans la mesure où les lois mathématiques ont à voir avec la réalité, elle ne sont pas certaines, et dans la mesure où elles sont certaines, elles n'ont rien à voir avec la réalité. »

Commentaires sur Einstein :

- « Le génie d'Einstein mène à Hiroshima. »
  Pablo Picasso
- « Einstein comprend la psychologie comme moi la physique. »
  Sigmund Freud
- « Complètement maboul. »
  J.Robert Oppenheimer

CHRONOLOGIE

Chronologie de la vie d'Einstein

1879 Naissance à Ulm en Allemagne
1894 La famille déménage en Italie, laissant Albert à Munich en Allemagne
1895 Déménage en Suisse
1900 Diplômé de l'Ecole Polytechnique de Zurich
1903 Epouse Mileva Maric
1905 Publie trois article novateurs, dont un sur la relativité restreinte
1909 Démissionne du Bureau des Inventions de Berne
1913 Devient Directeur de la Physique à l'Institut Kaiser Wilhelm de Berlin
1916 Publie son article sur la relativité générale
1919 Divorce de Mileva et épouse sa cousine Elsa Löwenthal
1919 La théorie de la relativité est

confirmée et lui donne une célébrité mondiale
1921 Reçoit le Prix Nobel de physique
1929 Publie une première version de sa théorie de champ unifié
1933 Emigre aux Etats-Unis après les menaces de mort des nazis. Accepte un poste à plein temps à l'Institut d'Etudes Avancées de Princeton
1939 Apprend la fission de l'atome et avertit le président Roosevelt
1940 Devient citoyen américain
1946 Accusé d'être un 'larbin communiste' en raison de ses prises de positions antinucléaires
1950 Dénoncé par McCarthy
1955 Meurt à Princeton à l'âge de 76 ans

Chronologie de l'époque

1882 Mort de Darwin
1889 Construction de la Tour Eiffel
1900 Freud publie *L'Interprétation des Rêves*
1903 Pierre et Marie Curie reçoivent le Prix Nobel pour la découverte de la radioactivité
1907 Début du cubisme
1912 Naufrage du Titanic
1913 *Le Sacre du Printemps* de Stravinsky fait sensation à Paris
1914 Début de la Première guerre Mondiale
1917 Révolution bolchevique en Russie
1918 Fin de la Première Guerre Mondiale
1922 Publication de *Ulysses* de James Joyce
1929 Le Crash de Wall Street annonce les années de crise
1933 Accession d'Hitler au pouvoir en Allemagne
1939 Début de la Seconde guerre Mondiale
1945 La bombe atomique est utilisée sur Hiroshima. Fin de la Seconde Guerre Mondiale. Création des Nations-Unies
1950 Début de la guerre de Corée

BIBLIOGRAPHIE

Pour en savoir plus sur Einstein et la relativité :

Balibar Françoise, ***Einstein. La joie de la Pensée***, Collection Découvertes, Gallimard, Paris, 1993
Merleau-Ponty Jacques, ***Einstein***, Flammarion, Paris, 1993
Paty Michel, ***Einstein philosophe***, Presses Universitaires de France, Paris, 1993
Paty Michel, ***Einstein***, Collection Figures du Savoir, Les Belles Lettres, Paris, 1997

BIBLIOTHÈQUE VIRE

Imprimé en France par QUADRI-OFFSET
Dépot légal Octobre 1997